Ramesh Naidu Annavarapu

Princípios físicos das modalidades de imagiologia cerebral: Uma visão geral

Ramesh Naidu Annavarapu

Princípios físicos das modalidades de imagiologia cerebral: Uma visão geral

ScienciaScripts

Imprint
Any brand names and product names mentioned in this book are subject to trademark, brand or patent protection and are trademarks or registered trademarks of their respective holders. The use of brand names, product names, common names, trade names, product descriptions etc. even without a particular marking in this work is in no way to be construed to mean that such names may be regarded as unrestricted in respect of trademark and brand protection legislation and could thus be used by anyone.

Cover image: www.ingimage.com

This book is a translation from the original published under ISBN 978-3-659-58645-3.

Publisher:
Sciencia Scripts
is a trademark of
Dodo Books Indian Ocean Ltd. and OmniScriptum S.R.L publishing group

120 High Road, East Finchley, London, N2 9ED, United Kingdom
Str. Armeneasca 28/1, office 1, Chisinau MD-2012, Republic of Moldova, Europe
Printed at: see last page
ISBN: 978-620-8-17479-8

Dedicação

Para

A minha mulher

Dr. Srujana

Índice

Abreviaturas

BCI	Brain Computer Interface
BOLD	Blood-Oxygen-Level Dependent
dMRI	diffusion Magnetic Resonance Imaging
DTI	Diffusion Tensor Imaging
DWI	Diffusion Weighted Magnetic Resonance Imaging
EEG	Electro-Encephalography
ERPs	Event-Related Potentials
fMRI	functional Magnetic Resonance Imaging
HARDI	High Angular Resolution Diffusion Imaging
MEG	Magneto-Encephalography
MDD	Major Depressive Disorder
MeV	Million electron Volts
NIRS	Near Infra-Red Spectroscopy
PET	Positron Emission Tomography
RF	Radio Frequency
SPECT	Single-photon emission computed tomography
sMRI	structural Magnetic Resonance Imaging
TMS	Transcranial Magnetic Stimulation

Capítulo 1: Introdução

A imagiologia do cérebro começou em 1973 com o advento da imagiologia estrutural do cérebro com a tomografia computorizada (TC) de raios X (Raichle, 2009a). Mais tarde, a ressonância magnética (RM) deu a possibilidade de estudar a localização anatómica dos défices cognitivos que se manifestam após uma lesão cerebral (Sandro, 2013). A RMf, que surgiu no início da década de 1990, tornou-se amplamente disponível a partir de então. A tomografia por emissão de positrões (PET) e a fMRI medem a atividade cerebral de forma indireta. Funcionam através do acoplamento da atividade neuronal ao fluxo sanguíneo, designado por resposta hemodinâmica, o que causa incerteza quanto às origens neuronais dos sinais registados. A capacidade da neuroimagem para estudar as respostas regionais no cerebelo levou a uma descoberta inesperada quando a neuroimagem humana foi inicialmente direcionada para o estudo da cognição (Buckner, 2013). Os resultados anatómicos, clínicos e imagiológicos sugerem que o cerebelo está envolvido em funções cognitivas e afectivas, como o controlo das actividades motoras (Stoodley *et al.*, 2012). Esta reação no cerebelo desafiou a visão popular de que o cerebelo contribui exclusivamente para o planeamento e a execução do movimento. Achados repetitivos de neuroimagem combinados com percepções-chave da anatomia e estudos de caso de pacientes neurológicos motivaram uma reavaliação da organização e função cerebelar (Buckner, 2013).

É possível descodificar a consciência de uma pessoa com base em medições não invasivas da atividade cerebral (Haynes e Rees, 2006). As redes cerebrais são analisadas utilizando correlações entre sinais dependentes do nível de oxigénio no sangue (BOLD) em diferentes áreas cerebrais. O acoplamento de frequência cruzada liga os sinais BOLD locais às correlações BOLD em redes distribuídas (Wang *et al.*, 2012). Os métodos de neuroimagiologia baseiam-se em princípios físicos específicos que interagem com os tecidos. As interações físicas dos processos ou estruturas fisiológicos medidos determinam a respectiva resolução temporal e espacial (Uludag & Roebroeck, 2014). As abordagens de investigação mais eficazes utilizam a fusão multimodal, que tira partido da força de cada modalidade numa análise conjunta (Sui *et al.*, 2012). Os progressos registados nas técnicas de imagem por ressonância magnética (IRM) permitiram obter sinais morfológicos e funcionais das diferentes estruturas cerebrais envolvidas nas redes de memória (Garcia-Lazaro *et al.*, 2012). As técnicas de neuroimagem actuais podem ser classificadas em termos gerais em neuroimagem funcional e estrutural (Simo *et al.*, 2013; Sacher *et al.*, 2012). As modalidades funcionais fornecem dados relativos ao metabolismo cerebral e à atividade neural. As técnicas de neuroimagem estrutural, como a ressonância magnética estrutural (sMRI), revelam a anatomia pormenorizada do cérebro, ao passo que a ressonância magnética de difusão (dMRI) fornece informações sobre os trajectos das fibras (Liu *et al.*, 2015).

As técnicas de neuroimagem funcional incluem: Ressonância Magnética funcional (fMRI) (Wager *et al.*, 2013; Decety *et al.*, 2013; Plichta e Scheres, 2014; Ortigue *et al.*, 2010), Electro-Encefalografia (EEG) (Haufe *et al.*, 2013; Michel e Murray, 2012; Takahashi *et al.*, 2010), Magneto-Encefalografia (MEG) (Johnson *et al.*, 2010; Lajiness-O'Neill *et al*, 2010; Lee *et al.*, 2010; Stam 2010), Tomografia por Emissão de Positrões (PET) (Landau *et al.*, 2011; Sepulcre e Masdeu, 2016), Espectroscopia de Infravermelhos Próximos (NIRS) (Cui *et al.*, 2012; Obrig, 2014; Fekete *et al.*, 2014; Boas *et al.*, 2014; Mori *et al.*, 2015) e Estimulação Magnética Transcraniana (TMS) (Peterchev *et al.*, 2015; Auriat *et al.*, 2015). Técnicas de imagiologia por ressonância magnética ponderada pela difusão (DWI) (Shenton *et al.*, 2012; Fishman *et al.*, 2015; Jeurissen *et al.*, 2013), incluindo a imagiologia por tensor de difusão (DTI) (Qiu *et al.*, 2016; Tang *et al.*, 2015; Madden *et al*, 2012; Goldman *et al.*, 2015) e High Angular Resolution Diffusion Imaging (HARDI) (Trojsi *et al.*, 2013; Yu *et al.*, 2015; Conti *et al.*,

2015) são as técnicas emergentes empregues no estudo das perturbações cognitivas dos idosos. Estas técnicas podem ser utilizadas para determinar os efeitos das doenças cerebrais nos sistemas cerebrais relacionados com a cognição e o comportamento e para determinar as alterações induzidas nos sistemas cerebrais durante a reabilitação dos idosos com neurodegeneração (Crosson *et al*, 2010). A neurociência cognitiva do envelhecimento humano, que relaciona as alterações cognitivas com os seus substratos neurais, baseia-se em técnicas de neuroimagem (Wardlaw *et al.*, 2013; Hedden e Gabrieli, 2004).

Estas técnicas de neuroimagem podem ser discutidas em função do grau de invasividade, da resolução espacial, da resolução temporal, da conetividade estrutural e funcional, incluindo a segurança e os riscos (Kimberley e Lewis, 2007). A resolução espacial refere-se à exploração da anatomia do cérebro e à deteção de alterações morfológicas e a resolução temporal refere-se à monitorização das actividades e interações neurais, traçando vias de informação (Liu *et al.*, 2015).

Este capítulo aborda os principais estudos de neuroimagiologia que permitem compreender os mecanismos das perturbações cognitivas encontradas no cérebro humano envelhecido. A secção de introdução apresenta uma panorâmica dos aspectos históricos e descreve as técnicas de neuroimagem, enquanto o Capítulo 2 apresenta uma descrição de cada modalidade de neuroimagem. São também explicados os princípios físicos significativos subjacentes a cada modalidade de neuroimagem.

Capítulo 2: Técnicas de imagiologia cerebral não invasivas

As técnicas não invasivas de imagiologia cerebral podem ser caracterizadas em duas classes principais: electromagnéticas e hemodinâmicas (Zander e Kothe, 2011; Saugel e Reuter, 2014). Os métodos de medição direta da atividade eléctrica associada ao disparo neuronal, como o EEG e o MEG, constituem a primeira classe principal. A segunda classe principal é constituída pelos métodos de medição indireta da atividade neuronal, que funcionam segundo o princípio de que a atividade neuronal é apoiada por um aumento do fluxo sanguíneo local e da atividade metabólica. Estes métodos incluem a PET, a fMRI e a NIRS (Bunge e Kahn, 2009; Frey *et al.*, 2013). Estas ferramentas podem induzir alterações nas redes neuronais que auxiliam as operações cognitivas, podendo assim fornecer os meios para a restauração cognitiva em doenças neuropsiquiátricas como a depressão, a doença de Alzheimer, a esquizofrenia, o autismo e a perturbação de défice de atenção e hiperatividade (Demirtas-Tatlidede *et al.*, 2013).

2.1 Estimulação Magnética Transcraniana (TMS)

A TMS é uma técnica de neuromodulação e neuroestimulação baseada no princípio da indução electromagnética de um campo elétrico no cérebro. A TMS utiliza a indução electromagnética como meio de gerar uma corrente supra limiar no cérebro (Rossi *et al.*, 2009). Um dispositivo simples de TMS consiste em algumas voltas circulares de fio de cobre ligadas aos terminais de um condensador com grande capacitância eléctrica através de um interrutor (Groppa *et al.*, *2012)*. A EMT estimula os tecidos corticais através da indução electromagnética, descarregando uma corrente eléctrica curta mas forte através de uma bobina de indução, que é colocada sobre a região cortical (Bestmann e Feridoes, 2013). O impulso de corrente monofásico ou bifásico produz um campo magnético breve e em rápida mutação em ângulos ortogonais ao plano da bobina. Os campos magnéticos penetram facilmente no cérebro sem atenuação através do couro cabeludo ou do crânio e geram uma corrente de acordo com a lei de Faraday da indução electromagnética (Rossini *et al.*, 2015). A corrente eléctrica induzida pode interagir diretamente com processos neurais em curso no local da estimulação e em regiões cerebrais remotas e ligadas. Esta entrada direta numa operação cortical permite-nos estudar as suas consequências comportamentais para uma operação cognitiva (Bestmann e Feridoes, 2013).

Na última década, vários estudos aplicaram a TMS para estudar a cognição, as relações cérebro-comportamento e a fisiopatologia de várias perturbações neurológicas e psiquiátricas no cérebro envelhecido (Bentwich *et al.*, 2011; Nardone *et al.*, 2011; Kalbe *et al.*, 2010; Miniussi *et al.*, 2008; Wagner *et al.*, 2009). A TMS influencia áreas cerebrais remotas, para além do local estimulado. Por conseguinte, a TMS pode ser utilizada para estudar as consequências das interações funcionais entre a região estimulada e outras partes. Em vez de se limitar a visões modulares da função cerebral, que enfatizam as propriedades funcionais de áreas cerebrais individuais, o âmbito do estudo pode ser alargado a perspectivas inovadoras sobre a forma como as interações funcionais entre regiões cerebrais remotas mas interligadas podem apoiar a perceção e a cognição (Ruff *et al.*, 2009). A TMS profunda é uma técnica de neuromodulação e neuroestimulação em que a bobina H utilizada é capaz de modular a excitabilidade cortical até uma profundidade máxima de 6 cm, modulando assim a atividade do córtex cerebral em circuitos neuronais mais profundos. A TMS profunda é utilizada para o tratamento da perturbação depressiva major resistente aos medicamentos (MDD) e está a ser testada para tratar uma vasta gama de condições médicas neurológicas e psiquiátricas (Bersani *et al.*, 2013). A aplicação repetitiva da TMS (rTMS), que provoca efeitos duradouros, pode ser utilizada para estudar a influência numa série de funções cerebrais. A alta frequência (>1Hz), a EMTr é conhecida por despolarizar os neurónios sob a bobina de estimulação e afecta indiretamente áreas ligadas e relacionadas com a emoção e o comportamento. Os investigadores descobriram uma melhoria cognitiva selectiva após a estimulação de alta frequência (AF) especificamente sobre o córtex pré-frontal dorsolateral esquerdo (Guse *et al.*, 2010).

2.2 Eletroencefalografia (EEG)

A descoberta de Berger, em 1929, de que a atividade eléctrica cerebral podia ser registada a partir de eléctrodos colocados no couro cabeludo deu início à ideia de EEG (Bunge e Khan, 2009). O EEG pode ser definido como uma atividade eléctrica alternada registada a partir da superfície do couro cabeludo, captada por eléctrodos metálicos e meios condutores. O EEG medido diretamente a partir da superfície cortical é designado por electrocortiograma, enquanto o que utiliza sondas de profundidade é designado por electrograma (Teplan, 2002).

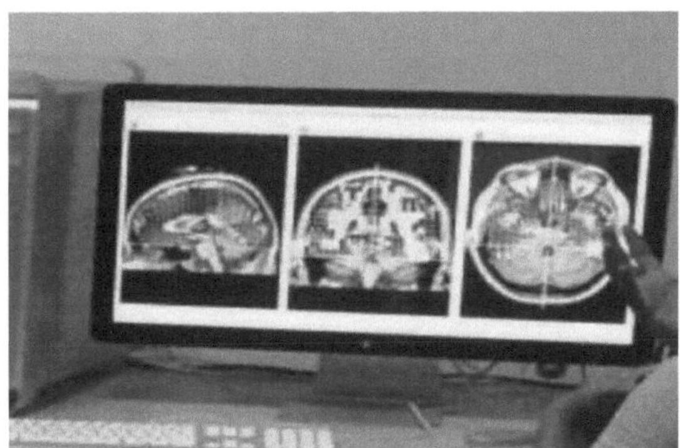

Fig.1: Análise computacional dos sinais EEG.

O sistema EEG é constituído por eléctrodos, que são colocados no couro cabeludo, amplificadores, conversor analógico-digital e um gravador para registar os sinais adquiridos (Bronzino, 2000). Os eléctrodos alimentam os sinais captados, a partir do couro cabeludo, a amplificadores para que estes sinais fracos sejam amplificados para utilização posterior, são depois digitalizados e registados. O EEG mede a diferença de potencial entre os eléctrodos ativo e de referência e a tensão diferencial entre estes dois eléctrodos pode ser medida utilizando o elétrodo de terra. Os eléctrodos são feitos de cloreto de prata (AgCl) e o número de eléctrodos pode variar entre 128 e 256 eléctrodos, de acordo com a configuração do canal. O EEG inclui diferentes sinais de frequência que são classificados como delta (abaixo de 4 Hz), teta (4 a <8 Hz), alfa (8 a 12 Hz), beta (12 a 30 Hz), gama (30 a 100 Hz) (Bhatia *et al.*, 2013).

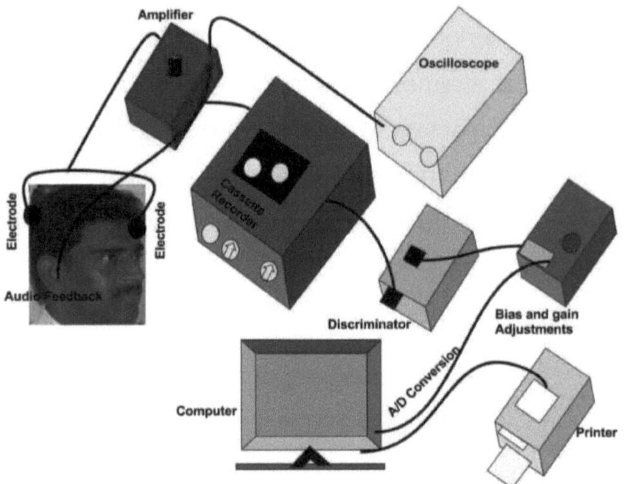

Fig. 2: Componentes do EEG

As flutuações significativas de voltagem resultantes da atividade neural evocada são designadas por Potenciais Relacionados com Eventos (ERPs). O potencial evocado é iniciado por um estímulo externo ou interno (Teplan, 2002). Os PRE são uma metodologia adequada para estudar os aspectos das perturbações cognitivas neurológicas ou psiquiátricas (Picton *et al.*, 2000). O EEG é o candidato mais promissor para auxiliar os inquéritos e outros sensores fisiológicos numa vasta gama de medidas de avaliação. Em comparação com outros dispositivos de neuroimagem, o EEG oferece o melhor compromisso entre resolução espacial e temporal, interface económica e de fácil utilização (Frey *et al.*, 2013).

Os princípios físicos básicos envolvidos na medição dos sinais EEG são aqui apresentados. As equações de Maxwell do campo eletromagnético

$$\nabla \cdot E = {}^{\rho}/_{\varepsilon} \; ;$$

$$\nabla \cdot B = 0 \; ;$$

$$\nabla \times E = -\partial B / \partial t \; ;$$

$$\nabla \times B = \mu_{\circ}(J + \epsilon \, \partial E / \partial t);$$

num meio são Outra equação importante é a equação da continuidade:

$$\nabla \cdot J + \partial \rho / \partial t = 0$$

em que **E** e **B** são os campos elétrico e magnético, respetivamente, **J** é a densidade de corrente, e é a permissividade do meio e ρ é a densidade de carga eléctrica.

No neuromagnetismo, as frequências são geralmente inferiores a 100 Hz e as derivadas temporais dos campos eléctricos e magnéticos são tipicamente menores do que as correntes óhmicas, pelo que podemos negligenciar a corrente de deslocamento *(~$\partial E/\partial t$)* e depois a não potencialidade do campo elétrico *(~$\partial B/\partial t$)*, estas condições conduzem a uma aproximação quase-estática das equações de Maxwell, como se mostra abaixo:

$$\nabla \cdot E = {}^{\rho}/_{\varepsilon} \; ;$$

$$\nabla \cdot B = 0 \; ;$$

$$\nabla \times E = 0 \; ;$$

$$\nabla \times B = \mu_{\circ}J. \qquad \text{----- (1)}$$

$$\nabla \cdot \boldsymbol{J} = 0; \qquad\qquad \text{----- (2)}$$

e

Quando a corrente total se divide em primária ($\boldsymbol{J}^p$) e secundária ($\boldsymbol{J}^r$), a

$$\boldsymbol{J} = \boldsymbol{J}^p + \sigma \boldsymbol{E} \qquad\qquad \text{----- (3)}$$

corrente primária $\boldsymbol{J}^p$ cria um campo elétrico que provoca as correntes secundárias $J^r = \sigma E$ então,

Substituindo esta equação em (2), obtém-se

$$\nabla \cdot (\sigma \boldsymbol{E}) = -\nabla \cdot \boldsymbol{J}^p \qquad\qquad \text{----- (4)}$$

Como $\tilde{\nabla} \times E = 0$, o campo elétrico é representado como o gradiente de um potencial qualquer,

$$\boldsymbol{E} = -\nabla \varphi \qquad\qquad \text{----- (5)}$$

Usando (5) em (4), escrevemos:

$$\nabla \cdot (\sigma \nabla \boldsymbol{\varphi}) = \nabla . \boldsymbol{J}^p \qquad\qquad \text{----- (6)}$$

Esta é a equação de Poisson para um potencial elétrico. A partir da segunda equação de Maxwell, juntamente com a equação da continuidade $\tilde{\nabla} \cdot J = 0$; $\tilde{\nabla} \cdot E = 0$, obtêm-se as condições de fronteira na interface entre dois meios $J_{1n} = J_{2n}$ e $E_{1t} = E_{2t}$. Como consideramos uma condição de contorno entre um condutor e um isolante (no ar $J_2 = 0$), as condições de contorno passarão a ser $J_{1n} = 0$; $E_{1t} = E_{2t}$. Assumindo que não há fontes de corrente na camada superficial $J_{1n} = \sigma E_{1n} = \sigma \partial \varphi / \partial n$, isso nos dá a condição de contorno para a equação de Poisson

$$\partial \boldsymbol{\varphi} / \partial n = 0; \qquad\qquad \text{----- (7)}$$

no couro cabeludo. Não existe corrente fora do meio, mas continua a existir o campo elétrico tangencial que decai com a distância. Uma vez que a forma da superfície não é trivial, a solução da Eq. (6) com as condições de fronteira Eq. (7) só pode ser encontrada numericamente. Finalmente, a solução dos problemas de EEG/MEG pode ser resumida no seguinte algoritmo.

- Configurar as fontes de corrente J^p
- Resolva $\tilde{V} \cdot (\sigma\tilde{V}\varphi) = \tilde{V} \cdot J^P$ com $\partial\varphi / \partial n = 0$ como condições de contorno;
- Encontre os potenciais $\varphi(r)$ no couro cabeludo.

2.3 Magneto-Encefalografia (MEG)

A MEG é uma técnica de neuroimagem funcional relativamente nova, que permite o registo simultâneo da atividade magnética do cérebro a partir de grandes conjuntos de sensores que cobrem toda a cabeça. Os estudos de MEG em doenças neurodegenerativas, como a doença de Parkinson e a doença de Alzheimer, identificaram padrões caraterísticos de atividade oscilatória anormal em diferentes bandas de frequência. Outros estudos neste domínio poderão beneficiar de novos desenvolvimentos tecnológicos, como a RMN de campo ultrabaixo, e da aplicação de um quadro teórico bem definido, como a teoria dos grafos, ao estudo das redes cerebrais perturbadas (Stam, 2010). A MEG regista o campo magnético produzido pela atividade eléctrica. O sinal medido resulta principalmente da atividade dos neurónios piramidais, que constituem cerca de 70% das células do neocórtex e estão orientados perpendicularmente à bainha cortical. O EEG regista a atividade eléctrica orientada perpendicularmente à superfície do cérebro, enquanto a MEG regista a atividade orientada paralelamente à superfície do cérebro. Assim, o EEG mede a atividade das células piramidais nos giros corticais e nas profundidades dos sulcos, enquanto a MEG é sensível principalmente à atividade das células piramidais nas partes superficiais dos sulcos, sendo por isso mais limitada no seu âmbito de aplicação (Whitekar, 2010). De Haan *et al.*, (2012) estudaram a dinâmica cerebral modular perturbada que reflecte a disfunção cognitiva utilizando MEG no que diz respeito à doença de Alzheimer. Os resultados deste estudo demonstraram que, em particular, a perda de comunicação entre diferentes regiões funcionais do cérebro reflecte o declínio cognitivo na doença de Alzheimer, sugerindo a sua relevância no que diz respeito à demência como uma perturbação da rede funcional. A física básica para compreender a MEG é explicada da seguinte forma:

Como a divergência de um campo magnético é zero ($\tilde{\nabla} \cdot B = 0$), o campo magnético pode ser representado como curl de um vetor qualquer, B $= \tilde{\nabla} \cdot A$, onde A é potencial vetorial, e a última equação de Maxwell leva a $\tilde{\nabla} \cdot (\tilde{\nabla} \cdot A) = \mu_0 \, J$.

Utilizando o cálculo vetorial, obtemos

$$\nabla(\nabla \cdot A) - \nabla^2 A = \mu_0 J$$

usando o calibre de coulomb ($\tilde{\nabla} \cdot A = 0$) restringimos a equação acima como,

$$\nabla^2 A = -\mu_0 J \qquad\qquad \text{----- (8)}$$

Esta é novamente uma equação de Poisson com um conjunto diferente de condições de fronteira. Uma vez que a permeabilidade magnética do meio é igual à do ar e que não existem condições de fronteira para o campo magnético, a única condição física será $B_\infty = 0$, sem campo magnético no infinito. Neste caso, a equação de Poisson pode ser resolvida analiticamente e a solução para o potencial vetorial é dada pelo seguinte integral

$$A(r) = \frac{\mu_0}{4\pi} \int \frac{J(r')}{\|r-r'\|} dr' \qquad \text{----- (9)}$$

em que a integração é feita sobre todo o espaço de volume, depois de tomar a curvatura obtemos a expressão para o campo magnético **B**

$$B(r) = \frac{\mu_0}{4\pi} \int \frac{J(r')\times(r-r')}{\|r-r'\|^3} dr \qquad \text{----- (10)}$$

Usando as eq. (3) e (5) na equação acima, podemos obter

$$B(r) = \frac{\mu_0}{4\pi} \int \frac{[J^P(r)-\sigma(r')\nabla\varphi(r')]\times(r-r')}{\|r-r'\|^3} dr$$

Diferenciando por partes e assumindo uma condutividade nula fora da superfície, podemos reescrever o integral acima como

$$B(r) = B_0(r) + \frac{\mu_0}{4\pi} \int \frac{\varphi(r')\nabla\sigma(r')\times(r-r')}{\|r-r'\|^3} dr$$

onde,

$$B(r) = \frac{\mu_0}{4\pi} \int \frac{J^P(r')\times(r-r')}{\|r-r'\|^3} dr'$$

A equação acima mostra claramente que se σ fosse constante, então o campo magnético seria devido a correntes de origem primária. No nosso caso, embora $\sigma(r)$ seja anisotrópico e varie continuamente no espaço, temos de calcular o segundo integral explicitamente.

A densidade de corrente primária J^P pode ser aproximada por um dipolo de corrente que é um elemento de linha unidirecional do dissipador para a fonte e, matematicamente, a densidade de corrente pode ser dada através da função delta de Dirac

$$J^P(r) = Q\, \delta(r - r_Q)$$

onde **Q** é um dipolo de corrente, também pode ser interpretado como $Q = I(r^+ - r^-)$, é a corrente de dipolo vezes a distância entre a fonte e o dissipador. Então a eq. de Poisson (6) passa a ser

$$\nabla \cdot (\sigma \nabla \varphi) = Q \nabla \delta(r - r_Q)$$

Para encontrar o campo magnético, seguimos os seguintes passos

- Configurar fontes de corrente $J\,;^p$
- Resolver $\tilde{\nabla} \cdot (\sigma \tilde{\nabla} \varphi) = \tilde{V}.J^p$ com condições de fronteira $\partial \varphi / \partial n = 0$;
- Calcular a corrente de condução $\mathbf{J(r)} = \sigma \mathbf{E(r)}$
- Calcular

$$B(r) = \frac{\mu_0}{4\pi} \int \frac{J(r')\times(r-r')}{\|r-r'\|^3} dr' + \frac{\mu_0}{4\pi} \frac{Q\times(r-r_Q)}{\|r-r'\|^3} \;;$$

- Encontre as componentes do campo B(r) nas posições desejadas.

2.4   Tomografia por Emissão de Positrões (PET)

O princípio da PET baseia-se na deteção por coincidência da aniquilação de radionuclídeos emissores de positrões. A PET detecta os fotões de raios γ resultantes da aniquilação do positrão e do eletrão resultantes do decaimento β radioativo de compostos radiomarcados (Jones e Rabiner, 2012). Após o decaimento do positrão, dois fotões de 0,511 MeV são emitidos num determinado ângulo e detectados simultaneamente por cristais de cintilação. A luz dos cristais de cintilação é posteriormente convertida em sinais eléctricos, que são adequadamente processados e reconstruídos para fornecer dados de imagem (Sauter *et al.*, 2010). A PET utiliza isótopos emissores de positrões, o que, na maioria dos casos, garante uma fácil radiomarcação da biomolécula sem alterar as suas propriedades. A principal vantagem da PET em relação a outras modalidades de imagiologia contrastada é o facto de utilizar sondas de deteção de grandes dimensões, como os fluoróforos na imagiologia ótica (Cherry, 2004).

A PET é uma técnica de imagiologia molecular quantitativa que complementa as técnicas de imagiologia estrutural para a deteção e caraterização de doenças (Kwee *et al.*, 2013). A PET permite a imagiologia de perturbações metabólicas responsáveis pelo défice cognitivo e pela demência (Heiss e Zimmermann-Meinzingen, 2012). Esta técnica única permite a análise in vivo dos sistemas de neurotransmissores, fornecendo provas de alterações na síndrome de Gilles de la Tourette (GTS), uma perturbação do desenvolvimento neuropsiquiátrico com início na infância (Alongi *et al.*, 2014).

A PET cerebral fornece informações valiosas sobre a neuroquímica humana, em termos de função dos neurotransmissores. Os dados da PET cerebral podem ser incorporados na modelação neural que pode constituir a base para a formulação de hipóteses sobre a base neural da cognição humana (Horwitz e Simonyan, 2014). Com a aprovação da imagiologia com (F-18) Florbetapir pela Administração Federal de Medicamentos dos Estados Unidos para a deteção da acumulação de placas amiloidais no cérebro, a imagiologia PET atingiu um novo marco. Foram feitos esforços para definir o papel clínico deste agente de imagiologia no contexto das opções de tratamento atualmente limitadas da doença de Alzheimer (Nasrallah e Dubroff, 2013). Consequentemente, a combinação da PET com modalidades de imagiologia anatómica de alta resolução parece resolver o problema da localização, desde que as imagens das duas modalidades sejam registadas com precisão (Townsend, 2008). Os scanners PET detectam raios gama, mas o traçador emite positrões, como se mostra na figura 3.

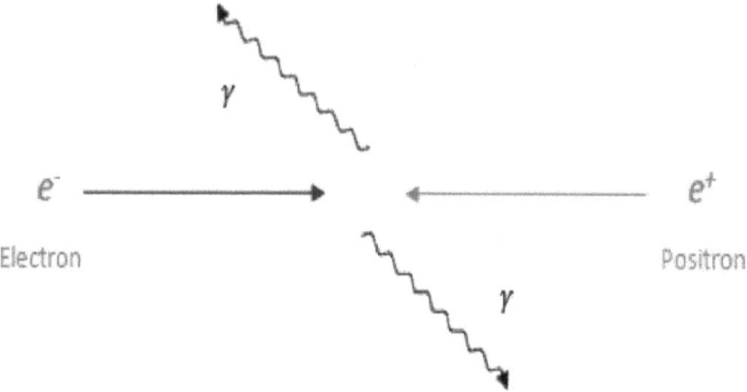

Figura 3: Princípio de funcionamento da imagiologia PET. Após a aniquilação de um positrão e de um eletrão, são emitidos fotões em direcções opostas.

A PET scan não é invasiva, mas envolve radiação ionizante. As imagens do corpo humano obtidas com esta técnica podem ser utilizadas para avaliar várias doenças.

2.5 Imagem por Ressonância Magnética Funcional

Durante a estimulação eléctrica transcraniana do cérebro, a fMRI é utilizada para fornecer informações sobre os mecanismos de neuro-modulação e o direcionamento de determinadas regiões do cérebro envolvidas numa tarefa cognitiva específica (Antal *et al.*, 2014; Friston *et al.*, 2011). A fMRI clínica tem aplicações que vão desde o diagnóstico pré-sintomático, passando pela expansão de medicamentos e individualização de terapias, até à compreensão de perturbações cerebrais funcionais

(Mathews *et al.*, 2006). A RMN avalia as propriedades magnéticas dos átomos de hidrogénio no corpo humano ou animal e a sua interface com o campo magnético externo e as ondas de rádio. As ondas de rádio modificam o alinhamento da magnetização do hidrogénio e produzem sinais de RM induzidos pelo scanner (Sauter *et al.*, 2010). A RM detecta a estrutura e a atividade do cérebro através da manipulação e da deteção do momento magnético dos protões (Norris, 2006).

A RMN e a fMRI diferem uma da outra na medida em que a RMN analisa a estrutura anatómica, enquanto a fMRI analisa a função metabólica; a RMN estuda os núcleos de hidrogénio das moléculas de água, enquanto a fMRI calcula os níveis de oxigénio; a imagiologia estrutural da RMN analisa, com elevada resolução, as diferenças entre os tipos de tecido em relação ao espaço, enquanto a imagiologia funcional da fMRI analisa as diferenças entre os tecidos em relação ao tempo; a RMN tem uma resolução espacial elevada, enquanto a fMRI tem uma resolução temporal superior a longa distância. A fMRI aprofundou a nossa compreensão da cognição humana e do processo de decisão. Os resultados dos procedimentos de fMRI devem ser sempre utilizados em conjunto com outras tecnologias para evitar a possibilidade de inferência inversa (Butler *et al.*, 2015; Poldrack, 2008). Vários distúrbios cognitivos foram estudados com o apoio da fMRI (Vlooswijk *et al.*, 2011; Cortese *et al.*, 2012; Redcay *et al.*, 2010, Zhao *et al.*, 2012). Uma analogia direta entre o pico neuronal medido em experiências com animais e o sinal de fMRI obtido em registos humanos é impraticável e conduz frequentemente a conclusões incorrectas.

Até à data, a maioria dos estudos que se basearam exclusivamente na RMF BOLD não conseguiram revelar as propriedades neurais reais da área estudada (Logothetis, 2008). Para compreender estes princípios físicos da imagiologia por ressonância, é necessário começar por analisar um único núcleo atómico e o seu impacto no sinal de RM gerado. Centramo-nos nos átomos de hidrogénio constituídos por um único protão (átomos 1H), uma vez que são os núcleos mais utilizados em RM devido às suas propriedades magnéticas e à sua abundância no corpo humano. A magnetização líquida pode ser representada como um vetor com duas componentes. O primeiro é um componente longitudinal, que é paralelo ao campo magnético, e o segundo, um componente transversal perpendicular ao campo. Na ausência de um campo magnético externo, os núcleos individuais estão orientados aleatoriamente uns em relação aos outros e, portanto, não dão origem a magnetização líquida. No entanto, quando colocados num campo magnético forte, os núcleos alinham-se com o campo, criando uma magnetização longitudinal líquida na direção do campo. Para medir a magnetização líquida dos núcleos dentro de um determinado volume, é necessário perturbar o equilíbrio e observar a reação.

Um sinal de onda de rádio de radiofrequência (RF) faz com que os núcleos absorvam a energia numa determinada banda de frequência e fiquem "excitados". Conceptualmente, podemos imaginar este processo como o impulso de RF a alinhar a fase dos núcleos em precessão e a inclina-los para o plano transversal. Isso faz com que a magnetização longitudinal diminua e estabelece uma nova magnetização transversal. Depois que o pulso de RF é removido, o sistema procura retornar ao equilíbrio. Agora, os núcleos emitem a energia absorvida à medida que "relaxam". Isso faz com que a magnetização transversal desapareça, em um processo conhecido como relaxamento transversal, enquanto a magnetização longitudinal cresce de volta ao seu tamanho original em um processo conhecido como relaxamento longitudinal. Durante este tempo, é criado um sinal que pode ser medido utilizando uma bobina recetora. A relaxação longitudinal representa a restauração da magnetização líquida ao longo da direção longitudinal à medida que os núcleos regressam ao seu estado alinhado original (Lindquist e Wager, 2014).

2.6   Espectroscopia de infravermelhos próximos (NIRS)

A espetroscopia funcional de infravermelhos próximos (fNIRS) é uma ferramenta de neuroimagem versátil com uma aceitação crescente na comunidade de neuroimagem (Piper *et al.*, 2014). Utilizando raios infravermelhos próximos, a NIRS mede de forma não invasiva as alterações no fluxo de negrito cerebral. O princípio da NIRS foi desenvolvido por Jobsis (1977), com base na medição da hemoglobina Além disso, se se assumir que a alteração da concentração (ΔC) é proporcional às alterações da hemoglobina oxigenada *($\Delta Xoxy$)* e da oxigenação no fluxo sanguíneo cerebral. Num tecido uniformemente distribuído, o tecido incidente é atenuado por

$$Abs = -\log\left(\tfrac{I_{out}}{I_{in}}\right) = \varepsilon \bar{l} C + S \qquad \text{----- (11)}$$

absorção e dispersão, sendo utilizada a seguinte lei de Beer-Lambert modificada para o calcular.

Aqui, I_{out} é a radiação de entrada, I_{in} é a radiação detectada; ε é o coeficiente de absorção, C é a concentração, $\bar{l}$ é o comprimento médio do trajeto e S é o termo de dispersão. Partindo do princípio de que não ocorrem alterações de dispersão no tecido cerebral durante a ativação do cérebro, a equação (1) reduz-se

$$\Delta Abs = -\log\left(\tfrac{\Delta I_{out}}{\Delta I_{in}}\right) = \varepsilon \, \bar{l} \, \Delta C\left(\Delta X_{oxy}, \Delta X_{deoxy}\right) \qquad \text{----- (12)}$$

à hemoglobina desoxigenada *($\Delta Xdeoxy$)*, podendo obter-se a seguinte expressão relacional:

$$\Delta Abs(\lambda_i) = \bar{l}[\epsilon_{oxy}(\lambda_i \Delta X_{oxy} + \epsilon_{deoxy}(\lambda_i)\Delta X_{deoxy}] \qquad \text{----- (13)}$$

Os coeficientes de absorção da hemoglobina oxigenada e da hemoglobina desoxigenada em cada comprimento de onda, $\varepsilon_{oxy}(\lambda_i)$ e $\varepsilon_{deoxy}(\lambda_i$

) são conhecidos. Consequentemente, $\hat{I}\Delta X_{oxy}$ e $\hat{I}\Delta X_{deoxy}$ podem ser obtidos efectuando medições com raios infravermelhos próximos de dois comprimentos de onda diferentes e resolvendo a eq. (13). No entanto, a quantidade obtida aqui é o produto da mudança na concentração e o comprimento médio do caminho. Em geral, este comprimento médio do trajeto [varia muito de um indivíduo para outro e de uma parte do cérebro para outra. Por conseguinte, a avaliação dos resultados deve ser efectuada com prudência. A figura 2 apresenta uma comparação entre as áreas de coerência espacial e temporal medidas por várias modalidades de neuroimagem no domínio da imagiologia cerebral.

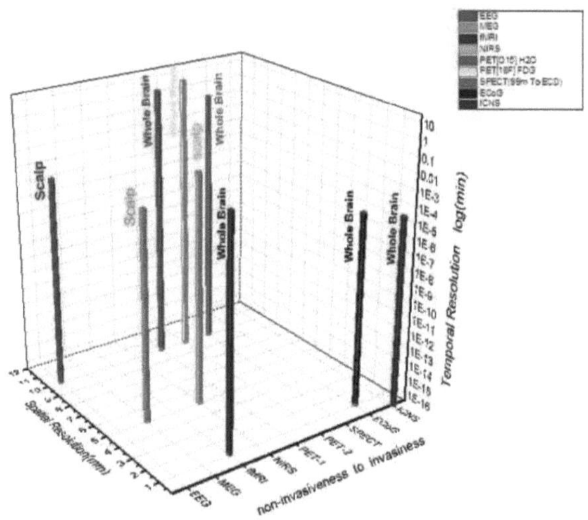

Figura 4: Áreas de coerência espacial e temporal medidas por várias modalidades de imagiologia cerebral.

Embora a amplitude dos sinais de LFP, EEG ou MEG esteja correlacionada com o grau de sincronia das respostas neuronais, existem numerosas variáveis de confusão que tornam difícil tirar conclusões definitivas sobre a sincronia considerando apenas as medidas de amplitude. Entre elas estão o tamanho e o alinhamento dos campos dipolares dos neurónios contribuintes, a fração de neurónios sincronicamente activos na população de células que contribuem para o sinal e, acima de tudo, o grau de precisão com que as descargas neuronais são sincronizadas. As medidas de coordenação em grande escala da atividade neuronal também foram derivadas de covariações das amplitudes e latências dos sinais hemodinâmicos em diferentes regiões do cérebro (Uhlhaas e Singer, 2006).

Capítulo 3: Neuroimagem multimodal

3.1 Introdução

A neuroimagem multimodal, um pilar da neurociência básica e cognitiva, pode produzir conhecimentos importantes sobre as estruturas e os processos cerebrais, para além da resolução espácio-temporal complementar (Uludag & Roebroeck, 2014). O objetivo da fusão multimodal é capitalizar a força de cada modalidade numa análise conjunta, em vez de uma análise separada de cada uma (Sui *et al.*, 2012). A aquisição simultânea por diferentes modalidades de imagem pode melhorar o desempenho e o conteúdo de informações de um instrumento usando as informações obtidas da outra modalidade (Catana *et al.*, 2012). As abordagens de neuroimagem multimodal têm sido cada vez mais utilizadas na deteção, diagnóstico, prognóstico e planeamento do tratamento de perturbações neuropsiquiátricas (Liu *et al.*, 2015).

Enquanto a TC e a RM foram escolhidas para visualizar estruturas anatómicas, por um lado, a PET foi utilizada como uma ferramenta para observar processos metabólicos e fisiológicos, por outro lado, para fornecer informações adicionais sobre o doente a estudar. Por conseguinte, tanto na investigação como nas aplicações clínicas, inicialmente as imagens de TC e, mais tarde, de RM foram apresentadas e comparadas lado a lado com as imagens de PET para auxiliar a avaliação e os resultados de diagnóstico da PET (Herzog, 2012).

3.2 PET/CT

A imagiologia PET/CT integra os detectores PET no aparelho de RM, o que permitiria a aquisição simultânea de dados, resultando em imagens funcionais e morfológicas combinadas com um contraste brilhante dos tecidos moles, uma excelente resolução espacial da anatomia e uma fusão temporal e espacial muito precisa das imagens. Além disso, uma vez que a RM fornece também informações funcionais, como a imagiologia ou a espetroscopia dependentes do nível de oxigenação do sangue (BOLD), a PET/RM poderia mesmo fornecer informações multifuncionais de processos fisiológicos in vivo (Pichler *et al.*, 2008).

3.3 SPECT/CT

A correlação da informação anatómica e funcional apresentada pela tomografia computorizada de emissão de fotão único (SPECT) e pela TC pode ajudar no processo de tomada de decisões, permitindo uma melhor localização e definição de órgãos e lesões e melhorando a precisão das biopsias cirúrgicas. A evolução técnica nos últimos 20 anos conduziu ao desenvolvimento de melhores técnicas de software para a fusão de imagens e, mais recentemente, ao desenvolvimento de sistemas modernos de SPECT/CT. Embora as técnicas de fusão de imagens sejam utilizadas na clínica há muitos anos, o primeiro sistema comercial de SPECT/CT só foi desenvolvido em 1999.

As vantagens da combinação de SPECT com TC são numerosas e devem-se principalmente às capacidades de referenciação anatómica e de correção da atenuação da TC. Dependendo da conceção do sistema, existem vários problemas técnicos relacionados com os diferentes dispositivos SPECT/CT, que vão desde o custo, a dose de radiação, o planeamento e os requisitos de sessão até aos problemas específicos do sistema, tais como a inclinação da mesa e os artefactos de TC devido ao movimento do doente (O'Connor e Kemp, 2006).

3.4 Abordagens combinatórias para EEG

Foi demonstrado que as abordagens combinadas para caraterísticas de EEG de vários domínios, como potenciais relacionados com o movimento e dessincronização relacionada com eventos, bem como combinações de EEG e parâmetros periféricos como a eletromiografia, aumentam a robustez da classificação (Fazli *et al.*, 2012).

A combinação de EEG e fMRI é uma ferramenta potencialmente poderosa para a investigação não invasiva do cérebro humano, devido a um notável grau de complementaridade entre as duas modalidades (Jorge *et al.*, 2014). O EEG fornece uma tremenda resolução temporal para o estudo da atividade cerebral, enquanto, por outro lado, a fMRI fornece uma localização espacial digna de diferentes funções cognitivas (Michalopoulos *et al.*, 2015; Kounios e Beeman, 2009).

Estudos que examinaram simultaneamente microestados EEG e redes de estado de repouso BOLD correspondentes relataram correlações significativas entre a potência da banda EEG e a flutuação do sinal BOLD em regiões cerebrais específicas (Mulert, 2013; Meyer *et al.*, 2013; Britz *et al.*, 2010; Wang *et al.*, 2012). Os microestados reflectem o somatório da atividade neuronal associada em todas as regiões do cérebro (Lehmann *et al.*, 2005). Musso *et al.*, (2010) demonstraram que a informação contida nos microestados do EEG numa escala de tempo de milissegundos é capaz de provocar padrões de ativação BOLD consistentes com redes em estado de repouso, abrindo novas possibilidades para o processamento de dados de imagiologia multimodal.

A abordagem tentativa a tentativa adoptada no acoplamento EEG-FMRI ajuda a identificar a relação entre fracções de sinais EEG e fMRI que podem fornecer informações cruciais para uma compreensão mais profunda da relação cérebro-comportamento (Debener *et al.*, 2007; Fox *et al*, 2006).

Fig 5: O autor sentado no interior do instrumento MEEG

Os sinais EEG/MEG são gerados principalmente a partir da ativação sincronizada de neurónios piramidais corticais que têm os seus corpos celulares localizados na massa cinzenta cortical e os seus dendritos apicais projectados paralelamente aos neurónios circundantes (He e Liu, 2008).

As correntes sinápticas que fluem através das membranas celulares induzem potenciais pós-sinápticos excitatórios locais e fluxos magnéticos quando os neurónios piramidais são excitados, os quais constituem coletivamente as fontes do EEG e do MEG, respetivamente. Foram desenvolvidas técnicas de imagiologia EEG/MEG para localizar quantitativamente e criar imagens da atividade cerebral a partir de EEG ou MEG registados de forma não invasiva (He *et al.*, 2011).

Combinando EEG e TMS, a estimulação é dirigida para uma área cerebral desejada e os potenciais de EEG do couro cabeludo registados em simultâneo podem ser processados em imagens de origem da ativação neuronal evocada pela TMS (Komssi *et al.*, 2004). O registo simultâneo da atividade EEG, que tem uma resolução temporal de alguns milissegundos, juntamente com a amostragem simultânea de um grande número de locais do couro cabeludo durante a TMS, oferece a possibilidade de sondar de forma não invasiva a impulsividade cortical do cérebro e a conetividade resolvida no tempo (Ilmoniemi *et al.*, 2012; Ziemann 2011; Farzan *et al.*, 2009).

3.5 NIRS/EEG

Takeuchi *et al.* (2009), em estudos sobre o registo simultâneo de NIRS e EEG de todo o cérebro durante a estimulação do nervo mediano direito, concluíram que o NIRS/EEG é útil para correlacionar as respostas hemodinâmicas com a atividade neural. A interface cérebro-computador (BCI) é uma metodologia que correlaciona as actividades cerebrais com dispositivos externos (Khan *et al.*, 2014).

A interface cérebro-máquina não invasiva que integra a espetroscopia funcional de infravermelhos próximos (fNIRS) com o eletroencefalograma (EEG) tem uma aplicabilidade potencial para além da recuperação de movimentos perdidos e da reabilitação de paraplégicos e permitiria a indivíduos normais ter um controlo cerebral direto de dispositivos externos na sua vida quotidiana. O principal fator de vantagem é o desenvolvimento de uma tecnologia de descodificação de sinais de alta precisão com um grande número de canais que abranjam todo o cérebro.

A nova fNIRS tem um elevado desempenho, com uma resolução espacial elevada, utilizando a técnica de dupla densidade e um campo de visão alargado, o que contribuiria para melhorar a precisão da descodificação dos sinais cerebrais (Ishikawa *et al.*, 2011).

3.6 Limitações

Embora a amplitude dos sinais de LFP, EEG ou MEG esteja

correlacionada com o grau de sincronia das respostas neuronais, existem numerosas variáveis de confusão que tornam difícil tirar conclusões definitivas sobre a sincronia considerando apenas as medidas de amplitude. Entre elas estão o tamanho e o alinhamento dos campos dipolares dos neurónios contribuintes, a fração de neurónios sincronicamente activos na população de células que contribuem para o sinal e, acima de tudo, o grau de precisão com que as descargas neuronais são sincronizadas. As medidas de coordenação em grande escala da atividade neuronal também foram derivadas de covariações das amplitudes e latências dos sinais hemodinâmicos em diferentes regiões do cérebro (Uhlhaas e Singer, 2006).

Capítulo 4: Conclusões

As técnicas de imagiologia cerebral não invasivas indicam que a combinação de técnicas de imagiologia pode abordar eficazmente as várias questões de interesse para os investigadores de base. A natureza das respostas neuronais e hemodinâmicas à estimulação sensorial e cognitiva pode ser melhor caracterizada através da análise integrada de medições anatómicas e funcionais. Esta análise optimizará a resolução espacial e temporal. Este livro apresenta uma panorâmica concetual das técnicas de imagiologia cerebral não invasiva, com ênfase na descrição dos princípios físicos envolvidos, e examina os esforços actuais de integração destas medidas.

Referências

1. Abe, Y., Miura, T., Yoshida, M. A., Ujiie, R., Kurosu, Y., Kato, N., & Shishido, F. (2015). Aumento da formação de cromossomas dicêntricos após uma única tomografia computadorizada em adultos. *Scientific reports, 5,* 13882; doi: 10.1038/srep13882.

2. Alongi, P., Iaccarino, L., & Perani, D. (2014). Neuroimagem PET: percepções sobre distonia e síndrome de Tourette e aplicações potenciais. *Front. Neurol. 5,* 1-8; doi: 10.3389/fneur.2014.00183.

3. Antal, A., Bikson, M., Datta, A., Lafon, B., Dechent, P., Parra, L. C., & Paulus, W. (2014). Artefatos de imagem induzidos por estimulação elétrica durante a fMRI convencional do cérebro. *Neuroimage,* 85, 1040-1047. doi: 10.1016/j.neuroimage.2012.10.026.

4. Auriat, A.M., Neva, J.L., Peters, S., Ferris, J.K. e Boyd, L.A., (2015). Uma revisão da estimulação magnética transcraniana e neuroimagem multimodal para caraterizar a neuroplasticidade pós-AVC. *Fronteiras em neurologia, 6,* 226. doi: 10.3389/fneur.2015.00226.

5. Bentwich, J., Dobronevsky, E., Aichenbaum, S., Shorer, R., Peretz, R., Khaigrekht, M., Marton, R.G. &Rabey, J.M., (2011) Beneficial effect of repetitive transcranial magnetic stimulation combined with cognitive training for the treatment of Alzheimer's disease: a proof of concept study. *Journal of neural transmission,* 118(3), 463-471. doi: 10.1007/s00702-010-0578-1.

6. Bersani, F.S., Minichino, A., Enticott, P.G., Mazzarini, L., Khan, N.,

Antonacci, G., Raccah, R.N., Salviati, M., DelleChiaie, R., Bersani, G. & Fitzgerald, P.B., (2013). Estimulação magnética transcraniana profunda como tratamento para transtornos psiquiátricos: uma revisão abrangente. *European Psychiatry*, 28(1), 30-39. doi: 10.1016/j.eurpsy.2012.02.006.

7. Bestmann, S., & Feredoes, E. (2013). Neuroestimulação combinada e neuroimagem em neurociência cognitiva: passado, presente e futuro. *Annals of the New York Academy ofSciences*, 1296(1),11-30. doi:10.1111/nyas.12110.

8. Bhatia, P. K., Sharma, A., & Kumar, S. (2015). Técnicas de neuroimagem para interface cérebro-computador. *International Journal of Bio-Science and BioTechnology*, 7(4), 223-228. http://www.earticle.net/article.aspx?sn=252667

9. Boas, D.A., Elwell, C.E., Ferrari, M. e Taga, G., 2014. Vinte anos de espetroscopia funcional no infravermelho próximo: introdução para a edição especial. *Neuroimage, 85,* pp.1-5. doi: 10.1016/j.neuroimage.2013.11.033.

10.Booij, L., Welfeld, K., Leyton, M., Dagher, A., Boileau, I., Sibon, I. & Cawley-Fiset, E. (2016). Sensibilização cruzada de dopamina entre drogas psicoestimulantes e estresse em voluntários masculinos saudáveis. *Psiquiatria translacional, 6* (2), e740. doi: 10.1038 / tp.2016.6.

11.Britz, J., Van De Ville, D., & Michel, C. M. (2010). Os correlatos BOLD da topografia do EEG revelam uma dinâmica rápida da rede em estado de repouso. Neuroimage, 52(4), 1162-1170.

12. Bronzino, J. D. (2000). Princípios da eletroencefalografia. *O*

Biomedical Engineering Handbook, Segunda Edição. Boca Raton: CRC Press LLC. http://www.bioingenieria.edu.ar/academica/catedras/bioingenieria2/archivos/apuntes/principles%20of%20electroencephalography.pdf

13. Buckner, R.L., (2013). O cerebelo e a função cognitiva: 25 anos de perceção da anatomia e da neuroimagem. *Neuron, 80(3)*, pp.807-815. doi: 10.1016/j.neuron.2013.10.044.

14. Bunge, S., A., & Kahn, I. (2009). Cognição: Uma visão geral das técnicas de neuroimagem. *Encyclopaedia of Neuroscience,* vol. 2, pp. 1063-1067. http://bungelab.berkeley.edu/wp-content/uploads/2014/02/Bunge_Kahn_Encycl2009.pdf

15. Butler, M. J., O'Broin, H. L., Lee, N., & Senior, C. (2015). Como a Neurociência Cognitiva Organizacional pode aprofundar a compreensão da tomada de decisão gerencial: A Review of the Recent Literature and Future Diretions. *International Journal of Management Reviews,* vol. 00, 1-18, doi: 10.1111/ijmr.12071.

16. Catana, C., Drzezga, A., Heiss, W.-D., & Rosen, B. R. (2012). PET/MRI para Aplicações neurológicas. Jornal de Medicina Nuclear: Publicação Oficial, Sociedade de Medicina Nuclear, 53(12), 10.2967/jnumed.112.105346. http://doi.org/10.2967/jnumed.112.105346

17. Cheng, C. H., Chan, P. Y. S., Niddam, D. M., Tsai, S. Y., Hsu, S. C., & Liu, C. Y. (2016). Gating sensorial, controle de inibição e oscilações gama no córtex sensoriaisomatoso dos humanos. *Scientificreports, 6.* doi: 10.1038/srep20437

18. Cherry, S. R. (2004). Imagiologia molecular e genómica in vivo: novos desafios para a física da imagem. *Physics in medicine and biology,* 49(3), R13. doi: 10.1088/0031-9155/49/3/R01

19. Chou, P. H., Lin, W. H., Lin, C. C., Hou, P. H., Li, W. R., Hung, C. C., ... & Chan, C. H. (2015). Duração da psicose não tratada e função cerebral durante o teste de fluência verbal na esquizofrenia de primeiro episódio: Um estudo de espetroscopia no infravermelho próximo. *Relatórios científicos, 5.* doi: 10.1038/srep18069

20. Cichy, R. M., Pantazis, D., &Oliva, A. (2014). Resolvendo o reconhecimento de objetos humanos no espaço e no tempo. *Neurociência da natureza, 17(3),* 455-462. doi: 10.1038/nn.3635

21. Conti, E., Pannek, K., Calderoni, S., Gaglianese, A., Fiori, S., Brovedani, P., Scelfo, D., Rose, S., Tosetti, M., Cioni, G. e Guzzetta, A., (2015). Imagem de difusão de alta resolução angular em uma criança com transtorno do espetro do autismo e comparação com seu gêmeo idêntico não afetado. *Functional neurology, 30(3),* p.203. doi: 10.11138/FNeur/2015.30.3.203

22. Cortese, S., Kelly, C., Chabernaud, C., Proal, E., Di Martino, A., Milham, M. P., & Castellanos, F. X. (2012). Rumo à neurociência dos sistemas de TDAH: uma meta-análise de 55 estudos de fMRI. *American Journal of Psychiatry.* doi: 10.1176/appi.ajp.2012.11101521

23. Crosson, B., Ford, A., McGregor, K.M., Meinzer, M., Cheshkov, S., Li, X., Walker-Batson, D. & Briggs, R.W., (2010). Imagem funcional e técnicas

relacionadas: Uma introdução para investigadores de reabilitação. *Journal of investigação e desenvolvimento no domínio da reabilitação, 47(2),* vii. Doi: :10.1682/JRRD.2010.02.0017

24. Cui, X., Bryant, D.M. e Reiss, A.L., (2012). Hiperscanning baseado em NIRS revela um aumento da coerência interpessoal no córtex frontal superior durante a cooperação. *Neuroimage, 59(3),* pp.2430-2437. doi: 10.1016/j.neuroimage.2011.09.003

25. Dale, A. M., & Sereno, M. I. (1993). Localização melhorada da atividade cortical combinando EEG e MEG com reconstrução da superfície cortical por RMN: uma abordagem linear. *Journal of cognitive neuroscience, 5(2),* 162-176. doi: 10.1162/jocn.1993.5.2.162

26. de Haan, W., van der Flier, W. M., Koene, T., Smits, L. L., Scheltens, P., & Stam, C. J. (2012). A dinâmica modular do cérebro interrompida reflete a disfunção cognitiva na doença de Alzheimer. *Neuroimage, 59(4),* 3085-3093. doi: 10.1016/j.neuroimage.2011.11.055

27. Debener, S., Ullsperger, M., Siegel, M., & Engel, A. K. (2007). Towards single-trial analysis in cognitive brain research (Para uma análise de um único ensaio na investigação cognitiva do cérebro). Tendências em ciências cognitivas, 11(12), 502-503.

28. Decety, J., Chen, C., Harenski, C. e Kiehl, K.A., (2013). Um estudo de fMRI de tomada de perspetiva afetiva em indivíduos com psicopatia: imaginar outro com dor não evoca empatia. *Fronteiras em neurociência humana,* 7, p.489. doi: 10.3389 / fnhum.2013.00489

29. Demirtas-Tatlidede, A., Vahabzadeh-Hagh, A. M., & Pascual-Leone, A. (2013). A estimulação cerebral não invasiva pode melhorar a cognição em distúrbios neuropsiquiátricos? *Neuropharmacology*, 64, 566-578. doi: 10.1016/j.neuropharm.2012.06.020

30. Ding, N., Melloni, L., Zhang, H., Tian, X., & Poeppel, D. (2016). Rastreamento cortical de estruturas linguísticas hierárquicas na fala conectada. *Nature neuroscience, 19(1),* 158-164. doi:10.1038/nn.4186

31. Dix, L. M., van Bel, F., Baerts, W., &Lemmers, P. M. (2013). Comparação de dispositivos de espetroscopia de infravermelho próximo e seus sensores para monitorar a saturação regional de oxigênio cerebral no neonato. *Paediatric Research, 74(5),* 557-563. doi: 10.1038/pr.2013.133

32. Farzan, F., Barr, M. S., Wong, W., Chen, R., Fitzgerald, P. B., & Daskalakis, Z. J. (2009). Supressão de oscilações y no córtex pré-frontal dorsolateral após inibição cortical de longo intervalo: Um estudo TMS-EEG. Neuropsychopharmacology, 34(6), 1543-1551.

33. Fazli, S., Mehnert, J., Steinbrink, J., Curio, G., Villringer, A., Muller, K. R., & Blankertz, B. (2012). Desempenho aprimorado por uma interface híbrida de computador cerebral NIRS-EEG. *Neuroimage,* 59(1), 519-529. doi: 10.1016/j.neuroimage.2011.07.084

34. Fekete, T., Beacher, F.D., Cha, J., Rubin, D. e Mujica-Parodi, L.R., (2014). As propriedades da rede do mundo pequeno no córtex pré-frontal se correlacionam com preditores de risco de psicopatologia em crianças pequenas: Um estudo NIRS. *NeuroImage, 85,* pp.345-353. doi: 10.1016/j.neuroimage.2013.07.022

35. Fishman, I., Datko, M., Cabrera, Y., Carper, R.A. e Muller, R.A., (2015). Integração e diferenciação reduzidas da rede de imitação no autismo: Um estudo combinado de ressonância magnética de conetividade funcional e imagem ponderada por difusão. *Anais de neurologia, 78(6)*, pp.958-969. doi: 10.1002/ana.24533

36. Fox, M. D., Snyder, A. Z., Zacks, J. M., & Raichle, M. E. (2006). Coherent spontaneous activity accounts for trial-to-trial variability in human evoked brain responses. Nature neuroscience, 9(1), 23-25.

37. Frey, J., Muhl, C., Lotte, F., & Hachet, M. (2013). Revisão do uso da eletroencefalografia como método de avaliação da interação humano-computador. arXiv: 1311.2222.

38. Friston, K. J., Li, B., Daunizeau, J., & Stephan, K. E. (2011). Rede descoberta com DCM. *Neuroimage, 56(3)*, 1202-1221. doi: 10.1016/j.neuroimage.2010.12.039

39. Garcia-Lazaro, H. G., Ramirez-Carmona, R., Lara-Romero, R., & Roldan-Valadez, E. (2012). Neuroanatomia da memória episódica e semântica em humanos: Uma breve revisão dos estudos de neuroimagem. *Neurology India, 60(6)*, 613. doi: 10.4103/0028-3886.105196

40. Goldman, J., Merkitch, D., Bernard, B. e Stebbins, G., (2015). Anormalidades da substância branca como um marcador de comprometimento cognitivo da doença de Parkinson: um estudo de imagem por tensor de difusão (P3. 017). *Neurologia, 84(14* Suplemento), pp. P3-017. http://www.neurology.org/content/84/14_Supplement/P3.017

41. Guse, B., Falkai, P., &Wobrock, T. (2010). Efeitos cognitivos da estimulação magnética transcraniana repetitiva de alta frequência: uma revisão sistemática. *Journal of neural transmission,* 117(1), 105-122. doi: 10.1007/s00702-009- 0333-7

42. Haufe, S., Nikulin, V.V., Muller, K.R. e Nolte, G., (2013). A critical avaliação de medidas de conetividade para dados EEG: um estudo de simulação. *NeuroImage, 64,* pp.120-133. doi: 10.1016/j.neuroimage.2012.09.036

.

43. Haynes, J. D., & Rees, G. (2006). Decodificação de estados mentais a partir da atividade cerebral em humanos. *Nature Reviews Neuroscience,* 7(7), 523-534. doi: 10.1038/nrn1931

44. He, B., & Liu, Z. (2008). Neuroimagem funcional multimodal: integração de ressonância magnética funcional e EEG/MEG. Biomedical Engineering, IEEE Reviews in, 1, 23-40.

45. He, B., Yang, L., Wilke, C., & Yuan, H. (2011). Imagens electrofisiológicas da atividade cerebral e conetividade - desafios e oportunidades. Biomedical Engineering, IEEE Transactions on, 58(7), 1918-1931.

46. Hedden, T., & Gabrieli, J. D. (2004). Insights sobre a mente envelhecida: uma visão da neurociência cognitiva. *Nature Reviews Neuroscience,* 5(2), 87-96. doi: 10.1038/nrn1323

47. Herzog, H. (2012). PET/MRI: desafios, soluções e perspectivas. *Zeitschrift fur Medizinische Physik,* 22(4), 281-298. doi: 10.1016/j.zemedi.2012.07.003

48. Horwitz, B., & Simonyan, K. (2014). Neuroimagem PET: muitos estudos ainda precisam de ser realizados: comentário sobre Cumming: "PET neuroimaging: the white elephant packs his trunk? *Neuroimage, 84*, 1101-1103. doi: 10.1016/j.neuroimage.2013.08.009

49. Ilmoniemi, R. J., Dabek, J., Lin, F. H., Nieminen, J. O., Parkkonen, L. T., Vesanen, P. T., Zevenhoven, K.C.J., Zhdanov, A.V., Luomahaara, J., Hassel, J. e Penttila, J.,   (2012). Combinação de MEG e MRI em um configuração. Biomedical Engineering/BiomedizinischeTechnik, 57(SI-1 Track-M), 218-218.

50. Ishikawa, A., Udagawa, H., Masuda, Y., Kohno, S., Amita, T., & Inoue, Y. (2011). Desenvolvimento de fNIRS de cérebro inteiro de dupla densidade com sistema EEG para interface cérebro-máquina. Em Engineering in Medicine and Biology Society, EMBC, 2011 Annual International Conference of the IEEE (pp. 6118-6122). IEEE.

51. Jeurissen, B., Leemans, A., Tournier, J. D., Jones, D. K., & Sijbers, J. (2013). Investigando a prevalência de configurações complexas de fibras no tecido da substância branca com ressonância magnética de difusão. *Mapeamento do Cérebro Humano, 34(11),* 2747-2766. doi: 10.1002/hbm.22099

52. Johnson, B.W., Crain, S., Thornton, R., Tesan, G. e Reid, M., (2010). Medição da função cerebral em crianças em idade pré-escolar utilizando um conjunto de sensores MEG de cabeça inteira de tamanho personalizado. *Clinical Neurophysiology, 121(3),* pp.340349. doi: 10.1016/j.clinph.2009.10.017

53. Jones, T., & Rabiner, E. A. (2012). O desenvolvimento, realizações

passadas e direcções futuras do PET cerebral. *Journal of Cerebral Blood Flow & Metabolism, 32*(7), 1426-1454. doi: 10.1038/jcbfm.2012.20

54. Jorge, J., Van Der Zwaag, W.,   & Figueiredo, P. (2014). EEG-fMRI integração para o estudo da função cerebral humana. *NeuroImage, 102*, 24-34. doi: 10.1016/j.neuroimage.2013.05.114

55. Kalbe, E., Schlegel, M., Sack, A.T., Nowak, D.A., Dafotakis, M., Bangard, C., Brand, M., Shamay-Tsoory, S., Onur, O.A. & Kessler, J. (2010). Dissociar a teoria da mente cognitiva da afectiva: um estudo TMS. *Cortex, 46*(6), 769-780. doi: 10.1016/j.cortex.2009.07.010

56. Kam, K., Duffy, A. M., Moretto, J., LaFrancois, J. J., & Scharfman, H. E. (2016). Os picos interictais durante o sono são um defeito precoce no modelo de rato Tg2576 de neuropatologia p-amiloide. *Relatórios científicos, 6.* doi: 10.1038/srep20119

57. Khan, M. J., Hong, M. J., & Hong, K. S. (2014). Decodificação de quatro direções de movimento usando a interface cérebro-computador híbrida NIRS-EEG. Front. Hum. Neurosci, 8(244), 10-3389.

58. Kimberley, T. J., & Lewis, S. M. (2007). Understanding neuroimaging. *Physical Therapy, 87*(6), 670-683. doi: 10.2522/ptj.20060149

59. Komssi, S., Kahkonen, S., & Ilmoniemi, R. J. (2004). The effect of stimulus intensity on brain responses evoked by transcranial magnetic stimulation (O efeito da intensidade do estímulo nas respostas cerebrais evocadas pela estimulação magnética transcraniana). *Human Brain Mapping, 21*(3), 154-164. doi: 10.1002/hbm.10189

60. Kounios, J., &Beeman, M. (2009). O momento Aha! Moment the cognitive neuroscience of insight. Direcções actuais da ciência psicológica, 18(4), 210-216.

61. Kwee, T. C., Torigian, D. A., & Alavi, A. (2013). Visão geral da tomografia por emissão de pósitrons, instrumentação híbrida de tomografia por emissão de pósitrons e quantificação da tomografia por emissão de pósitrons. *Journal of Thoracic Imaging,* 28(1), 4-10. doi: 10.1097/RTI.0b013e31827882d9

62. Lajiness-O'Neill, R., Chase, A.M., Olszewski, A., Boyle, M.A., Pawluk, L., Mansour, A., Jacobson, D., Gallaway, M.L., Lewandowski-Powley, P., Gorka, B. e Moran, J., (2010). Diferenças hemisféricas no sistema neural ativação durante o estímulo do olhar na perturbação do espetro do autismo (PEA) medida por magnetoencefalografia (MEG). Na *17ª Conferência Internacional sobre Biomagnetismo Avanços em Biomagnetismo-Biomag 2010* (pp. 381-384). Springer Berlin Heidelberg. doi: 10.1007/978-3-642-12197-5_90

63. Landau, S.M., Harvey, D., Madison, C.M., Koeppe, R.A., Reiman, E.M., Foster, N.L., Weiner, M.W., Jagust, W.J. e Alzheimer's Disease Neuroimaging Initiative, (2011). Associações entre medidas cognitivas, funcionais e FDG-PET de declínio em AD e MCI. *Neurobiology of Aging,* 32(7), pp.1207-1218. doi: 10.1016/j.neurobiolaging.2009.07.002

64. Lee, L.C., Andrews, T.J., Johnson, S.J., Woods, W., Gouws, A., Green, G.G. e Young, A.W., (2010). Respostas neurais a rostos em movimento rígido que exibem mudanças na atenção social investigadas com fMRI e MEG. *Neuropsychologia,* 48(2), pp.477-490.

doi: 10.1016/j.neuropsychologia.2009.10.005

65. Lehmann, D., Faber, P.L., Galderisi, S., Herrmann, W.M., Kinoshita, T., Koukkou, M., Mucci, A., Pascual-Marqui, R.D., Saito, N., Wackermann, J. e Winterer, G., (2005). EEG microstate duration and syntax in acute, medication-naive, first-episode schizophrenia: a multi-center study. Psychiatry Research: Neuroimaging, 138(2), 141-156.

66. Li, X. H., Li, J. B., He, X. J., Wang, F., Huang, S. L., & Bai, Z. L. (2015). Tempo de imagem do tensor de difusão na lesão aguda da medula espinhal de ratos. *Relatórios Científicos, 5.* doi: 10.1038/srep12639

67. Liao, H. I., Wu, D. A., Halelamien, N., & Shimojo, S. (2013). A estimulação cortical consolida e reativa a experiência visual: plasticidade neural do arrastamento magnético da atividade visual. *Relatórios Científicos, 3.* doi: 10.1038/srep02228

68. Lindquist, M.A. e Wager, T.D., (2014). Princípios da imagem por ressonância magnética funcional. *Manual de análise de dados de neuroimagem, Londres: Chapman & Hall.*

69. Liu, S., Cai, W., Liu, S., Zhang, F., Fulham, M., Feng, D., Pujol, S. & Kikinis, R. (2015). Computação de neuroimagem multimodal: uma revisão das aplicações em distúrbios neuropsiquiátricos. *Brain Informatics*, 2(3), 167-180. doi: 10.1007/s40708-015-0019-x.

70. Logothetis, N. K. (2008). O que podemos fazer e o que não podemos fazer com a fMRI. *Nature,* 453(7197), 869-878. doi: 10.1038/nature06976

71. Lu, H., Kobilo, T., Robertson, C., Tong, S., Celnik, P., & Pelled, G. (2015).Transcranial magnetic stimulation facilitates neurorehabilitation after pediatrictraumaticbrainjury . *ScientificReports, 5.* doi: 10.1038/srep14769

72. Madden, D.J., Bennett, I.J., Burzynska, A., Potter, G.G., Chen, N.K. e Song, A.W., (2012). Imagem por tensor de difusão da substância branca cerebral integridade no envelhecimento cognitivo. *Biochimica et Biophysica Ata (BBA)-Molecular Basis of Disease, 1822(3)*, pp.386-400. doi: 10.1016/j.bbadis.2011.08.003

73. Meyer, M. C., van Oort, E. S., & Barth, M. (2013). Padrões de correlação eletrofisiológica de redes de estado de repouso em indivíduos individuais: um estudo combinado de EEG-fMRI. Brain topography, 26(1), 98-109.

74. Michalopoulos, K., Zervakis, M., &Bourbakis, N. (2015). Tendências atuais na análise de ERP usando métodos sinérgicos de EEG e EEG / fMRI. Em Modern Electroencephalographic Assessment Techniques (pp. 323-350). Springer Nova Iorque.

75. Michel, C.M. e Murray, M.M., (2012). Para a utilização do EEG como ferramenta de imagem abrain. *Neuroimage, 61(2),* pp.371-385. doi: 10.1016/j.neuroimage.2011.12.039

76. Miniussi, C., Cappa, S.F., Cohen, L.G., Floel, A., Fregni, F., Nitsche, M.A., Oliveri, M., Pascual-Leone, A., Paulus, W., Priori, A. e Walsh, V., (2008). Eficácia da estimulação magnética transcraniana repetitiva/estimulação transcraniana por corrente contínua na neuroreabilitação cognitiva. *Brain Stimulation, 1(4)*, 326-336. doi:

10.1016/j.brs.2008.07.002

77. Moore, S.C., Lee, I.M., Weiderpass, E., Campbell, P.T., Sampson, J.N., Kitahara, C.M., Keadle, S.K., Arem, H., de Gonzalez, A.B., Hartge, P. e Adami, H.O., 2016. Associação da atividade física no tempo livre com o risco de 26 tipos de cancro em 1,44 milhões de adultos. *JAMA internal medicine, 176(6)*, pp.816-825.

78. Mori, K., Toda, Y., Ito, H., Mori, T., Mori, K., Goji, A., Hashimoto, H., Tani, H., Miyazaki, M., Harada, M. e Kagami, S., (2015). Neuroimagem em distúrbios do espetro do autismo: 1 H-MRS e estudo NIRS. *O Jornal de Investigação Médica, 62(1.2)*, pp.29-36. doi: 10.2152/jmi.62.29

79. Mulert, C. (2013). EEG e fMRI simultâneos: em direção à caraterização da estrutura e da dinâmica das redes cerebrais. Diálogos em Neurociência Clínica, 15(3), 381-386.

80. Musso, F., Brinkmeyer, J., Mobascher, A., Warbrick, T., & Winterer, G. (2010). Atividade cerebral espontânea e microestados EEG. Uma nova abordagem de análise EEG/fMRI para explorar redes em estado de repouso. Neuroimage, 52(4), 1149-1161.

81. Nardone, R., De Blasi, P., Seidl, M., Holler, Y., Caleri, F., Tezzon, F., Ladurner, G., Golaszewski, S. e Trinka, E., (2011) Cognitive function and cholinergic transmission in patients with subcortical vascular dementia and microbleeds: a TMS study. *Journal of Neural Transmission, 118(9)*, 13491358. doi: 10.1007/s00702-011-0650-5

82. Nasrallah, I., & Dubroff, J. (2013). Uma visão geral da neuroimagem

PET. Em Seminários em medicina nuclear (Vol. 43, No. 6, pp. 449-461). WB Saunders. doi: 10.1053/j.semnuclmed.2013.06.003

83. Norris, D. G. (2006). Princípios de avaliação da função cerebral por ressonância magnética. *Journal of Magnetic Resonance Imaging,* 23(6), 794-807. doi: 10.1002/jmri.20587

84. O'Connor, M. K., & Kemp, B. J. (2006). Tomografia computorizada de emissão de fotão único/tomografia computorizada: instrumentação básica e inovações. Em Seminars in nuclear medicine (Vol. 36, No. 4, pp. 258-266). WB Saunders.

85. Obrig, H., (2014). NIRS em neurologia clínica - uma ferramenta "promissora"?
Neuroimage, 85, pp.535-546. doi: 10.1016/j.neuroimage.2013.03.045

86. Ortigue, S., Sinigaglia, C., Rizzolatti, G. e Grafton, S.T., (2010). Compreender as acções dos outros: a eletrodinâmica dos hemisférios esquerdo e direito. Um estudo de neuroimagem EEG de alta densidade. *PloS one, 5*(8), p. e12160. doi: 10.1371/journal.pone.0012160

87. Palva, S., & Palva, J. M. (2012). Descobrindo redes de interação oscilatória com M/EEG: desafios e avanços. *Tendências em ciências cognitivas, 16*(4), 219-230. doi: 10.1016/j.tics.2012.02.004

88. Peterchev, A.V., Deng, Z.D. e Goetz, S.M., (2015). Avanços em tecnologia de estimulação magnética transcraniana. *Estimulação Cerebral, Metodologias e Intervenções* , pp.165-189.

doi: 10.1002/9781118568323.ch10

89. Pichler, B. J., Judenhofer, M. S., & Pfannenberg, C. (2008). Abordagens de imagiologia multimodal: PET/CT e PET/MRI. *Em Molecular Imaging I* (pp. 109-132). Springer Berlin Heidelberg. doi: 10.1007/978-3-540-72718-7_6

90. Picton, T.W., Bentin, S., Berg, P., Donchin, E., Hillyard, S.A., Johnson, R., Miller, G.A., Ritter, W., Ruchkin, D.S., Rugg, M.D. e Taylor, M.J. (2000). Guidelines for using human event-related potentials to study cognition: recording standards and publication criteria. *Psychophysiology, 37*(02), 127-152. doi: 10.1111/1469-8986.3720127

91. Piper, S.K., Krueger, A., Koch, S.P., Mehnert, J., Habermehl, C., Steinbrink, J., Obrig, H. & Schmitz, C.H. (2014). Um sistema fNIRS multicanal vestível para imagens cerebrais em indivíduos em movimento livre. *Neuroimage, 85*, 64-71. doi: 10.1016/j.neuroimage.2013.06.062

92. Plichta, M.M. e Scheres, A., (2014). Capacidade de resposta ventral-estriatal durante a antecipação da recompensa na PHDA e a sua relação com o traço de impulsividade na população saudável: A meta-analytic review of the fMRI literature. *Neuroscience & Biobehavioral Reviews, 38*, pp.125-134. doi: 10.1016/j.neubiorev.2013.07.012

93. Poldrack, R. A. (2008). O papel da fMRI na neurociência cognitiva: onde estamos de pé? *Current Opinion in Neurobiology,* 18(2), 223-227. doi: 10.1016/j.conb.2008.07.006

94. Prekovic, S., Durdevic, D. F., Csifcsak, G., Sveljo, O., Stojkovic, O.,

Jankovic, M., ...&Helsen, C. (2016). A investigação multidisciplinar liga o traço de fala para trás e a memória de trabalho através de mutação genética. *Scientific Reports, 6.* doi: 10.1038/srep20369

95. Qiu, A., Mori, S. e Miller, M.I., (2015). Imagem de tensor de difusão para compreender o desenvolvimento do cérebro no início da vida. *Annual Review of Psychology, 66,* pp.853-876. doi: 10.1146/annurev-psych-010814-015340

96. Raichle ME (2009a) A brief history of human brain mapping (Uma breve história do mapeamento do cérebro humano). *Trends Neurosci.* 32:118-126. doi: 10.1016/j.tins.2008.11.001

97. Raichle, M. E. (2009b). Uma mudança de paradigma na imagiologia cerebral funcional. *O Journal of Neuroscience,* 29(41), 12729-12734. doi: 10.1523/JNEUROSCI.4366-09.2009

98. Redcay, E., Dodell-Feder, D., Pearrow, M. J., Mavros, P. L., Kleiner, M., Gabrieli, J. D., & Saxe, R. (2010). Interação cara a cara ao vivo durante a fMRI: uma nova ferramenta para a neurociência cognitiva social. *Neuroimage,* 50(4), 1639-1647. doi: 10.1016/j.neuroimage.2010.01.052

99. Rossi, S., Hallett, M., Rossini, P. M., Pascual-Leone, A., & Segurança da TMS Grupo de Consenso. (2009). Segurança, considerações éticas e diretrizes de aplicação para a utilização da estimulação magnética transcraniana na prática clínica e na investigação. *Clinical Nurophysiology,* 120(12), 2008-2039. doi:10.1016/j.clinph.2009.08.016

100. Ruff, C. C., Driver, J., & Bestmann, S. (2009). Combining TMS and fMRI: from 'virtual lesions' to functional-network accounts of cognition. *Cortex,* 45(9), 1043-1049. doi: 10.1016/j.cortex.2008.10.012

101. Sacher, J., Neumann, J., Funfstuck, T., Soliman, A., Villringer, A. e Schroeter, M.L., (2012). Mapeando o cérebro deprimido: uma meta-análise de alterações estruturais e funcionais no transtorno depressivo maior. *Journal of Affective Disorders, 140(2),* pp.142-148. doi: 10.1016/j.jad.2011.08.001

102. Sandro, M. (2013). Estudos de imagem funcional da cognição humana usando tomografia por emissão de pósitrons, tomografia por emissão de pósitrons - desenvolvimentos recentes em instrumentação, *pesquisa e prática clínica oncológica,* Dr. Sandro Misciagna (Ed.), ISBN: 978-953-51-12136, In Tech, doi: 10.5772/57124.

103. Saugel, B. e Reuter, D.A., (2014). III. Estamos prontos para a era da monitorização hemodinâmica não invasiva? *British Journal of Anaesthesia, 113(3),* pp.340-343. doi: 10.1093/bja/aeu145

104. Sauter, A. W., Wehrl, H. F., Kolb, A., Judenhofer, M. S., &Pichler, B. J. (2010). Combinação PET/MRI: um passo em frente na imagiologia multimodal. *Trends in Molecular Medicine,* 16(11), 508-515. doi: 10.1016/j.molmed.2010.08.003

105. Sehlin, D., Fang, X. T., Cato, L., Antoni, G., Lannfelt, L., &Syvanen, S. (2016). Imagem PET baseada em anticorpos de beta amiloide em modelos de ratos da doença de Alzheimer / s. *Nature Communications, 7.* 10759. doi: 10.1038/ncomms10759.

106. Sepulcre, J. e Masdeu, J.C.,   (2016). Neuroimagem avançada Methods Towards Characterization of Early Stages of Alzheimer's Disease (Métodos para a caraterização das fases iniciais da doença de Alzheimer). *Systems Biology of Alzheimer's Disease,* pp.509-519. doi: 10.1007/978-1-4939-2627-5_31

107. Shenton, M.E., Hamoda, H.M., Schneiderman, J.S., Bouix, S., Pasternak, O., Rathi, Y., Vu, M.A., Purohit, M.P., Helmer, K., Koerte, I. e Lin, A.P., (2012). Uma revisão dos achados da ressonância magnética e da imagem por tensor de difusão na lesão cerebral traumática ligeira. *Brain Imaging and Behavior, 6*(2), pp.137-192. doi: 10.1007/s11682-012-9156-5

108. Simo, M., Rifa-Ros, X., Rodriguez-Fornells, A. e Bruna, J., (2013). Chemobrain: uma revisão sistemática de estudos de neuroimagem estrutural e funcional. *Neuroscience & Biobehavioral Reviews, 37*(8), pp.1311-1321. doi: 10.1016/j.neubiorev.2013.04.015

109. Stam, C. J. (2010). Utilização da magnetoencefalografia (MEG) para estudar redes cerebrais funcionais em doenças neurodegenerativas. *Journal of the Neurological Sciences,* 289(1), 128-134. doi: 10.1016/j.jns.2009.08.028

110. Stoodley, C.J., Valera, E.M. e Schmahmann, J.D., (2012). Topografia funcional do cerebelo para tarefas motoras e cognitivas: um estudo de fMRI. *Neuroimage, 59*(2), pp.1560-1570. doi: 10.1016/j.neuroimage.2011.08.065

111. Sui, J., Adali, T., Yu, Q., Chen, J., & Calhoun, V. D. (2012). Uma revisão de métodos multivariados para fusão multimodal de dados de imagens cerebrais. *Journal of Neuroscience Methods,* 204(1),68-81.   doi: 10.1016/j.jneumeth.2011.10.031

112. Takahashi, T., Cho, R.Y., Mizuno, T., Kikuchi, M., Murata, T., Takahashi, K. e Wada, Y., (2010). Antipsicóticos revertem a complexidade anormal do EEG na esquizofrenia sem drogas: uma análise de entropia multiescala.   *Neuroimage,   51(1),*   pp.173-182.   doi: 10.1016/j.neuroimage.2010.02.009

113. Tan, W. Q., Yeoh, C. S., Rumpel, H., Nadkarni, N., Lye, W. K., Tan, E. K., & Chan, L. L. (2015). Tractografia determinística da via nigrostriatal-nigropalidal na doença de Parkinson. *Relatórios Científicos, 5.* doi: 10.1038/srep17283

114. Tang, V.M., Lang, D.J., Giesbrecht, C.J., Panenka, W.J., Willi, T., Procyshyn, R.M., Vila-Rodriguez, F., Jenkins, W., Lecomte, T., Boyda, H.N. e Aleksic, A., (2015). Défices de substância branca avaliados por imagem de tensor de difusão e disfunção cognitiva em utilizadores de psicoestimulantes com infeção comórbida pelo vírus da imunodeficiência humana. *BMC Research Notes,* 8(1), p.515. doi: 10.1186/s13104-015-1501-5

115. Teplan, M. (2002). Fundamentos da medição de EEG. *Medição Science Review*, 2(2),   1-11. http://www.measurement.sk/2002/S2/Teplan.pdf

116. Townsend, D. W. (2008). Tomografia por emissão de positrões/tomografia computorizada. *Em Seminários em medicina nuclear* (Vol. 38, N.º 3, pp. 152-166). WB Saunders. doi: 10.1053/j.semnuclmed.2008.01.003

117. Trojsi, F., Corbo, D., Caiazzo, G., Piccirillo, G., Monsurro, M.R., Cirillo, S., Esposito, F. e Tedeschi, G., (2013). Motor e extramotor neurodegeneração na esclerose lateral amiotrófica: um estudo de imagem de difusão de alta resolução angular (HARDI) em 3T. *Esclerose Lateral Amiotrófica e Degenerescência Frontotemporal, 14*(7-8), pp.553-561. doi: 10.3109/21678421.2013.785569.

118. Uhlhaas, P. J., & Singer, W. (2006). Neural synchrony in brain disorders: relevance for cognitive dysfunctions and pathophysiology. *Neuron, 52*(1), 155-168. doi: 10.1016/j.neuron.2006.09.020.

119. Uludag, K., & Roebroeck, A. (2014). Panorama geral sobre os méritos da fusão de dados de neuroimagem multimodal. *NeuroImage,* 102, 3-10. doi: 10.1016/j.neuroimage.2014.05.018.

120. Wager, T.D., Atlas, L.Y., Lindquist, M.A., Roy, M., Woo, C.W. e Kross, E., (2013). Uma assinatura neurológica baseada em fMRI de dor física. *New England Journal of Medicine, 368*(15), pp.1388-1397. doi: 10.1056/NEJMoa1204471.

121. Wagner, T., Rushmore, J., Eden, U., & Valero-Cabre, A. (2009). Fundamentos biofísicos subjacentes à TMS: preparando o terreno para uma utilização efectiva da neuroestimulação nas neurociências cognitivas. *Cortex,* 45(9), 10251034. doi: 10.1016/j.cortex.2008.10.002.

122. Wang, L., Saalmann, Y. B., Pinsk, M. A., Arcaro, M. J., &Kastner, S. (2012). A coerência eletrofisiológica de baixa frequência e o acoplamento de frequência cruzada contribuem para a conetividade BOLD. Neuron, 76(5), 1010-1020.

123. Wardlaw, J.M., Smith, E.E., Biessels, G.J., Cordonnier, C., Fazekas, F., Frayne, R., Lindley, R.I., T O'Brien, J., Barkhof, F., Benavente, O.R. e Black, S.E., (2013). Padrões de neuroimagem para pesquisa de doenças de pequenos vasos e sua contribuição para o envelhecimento e a neurodegeneração. *The Lancet Neurology, 12(8),* pp.822-838. doi: 10.1016/S1474-4422(13)70124-8.

124. Whitaker, H. A. (Ed.).   (2010). Enciclopédia   concisa de cérebro e língua. Elsevier.

125. Willeumier, K., Taylor, D. V., & Amen, D. G. (2011). Diminuição da atividade cerebral fluxo sanguíneo no córtex límbico e pré-frontal utilizando imagens SPECT numa coorte de suicídios consumados. *Translational Psychiatry, 1*(8),e28. doi: 10.1038/tp.2011.28.

126. Yang, J., Xu, X., Chen, Y., Shi, Z., & Han, S. (2016). Traço de autoestima e atividades neurais relacionadas à autoavaliação e feedback social. *Scientific Reports, 6,* 20274; doi: 10.1038/srep20274.

127. Yu, W., Lv, Q., Zhang, C., Shen, Z., Sun, B. e Wang, Z., (2015). Ressonância magnética de alta difusão angular em transtornos psiquiátricos baseados em recompensa. Em *Tratamentos neurocirúrgicos para distúrbios psiquiátricos* (pp. 21-34). Springer Netherlands. doi: 10.1007/978-94-017-9576-0_2.

128. Zander, T. O., & Kothe, C. (2011). Rumo a interfaces cérebro-computador passivas: aplicação da tecnologia de interface cérebro-computador a sistemas homem-máquina em geral. *Journal of Neural Engineering, 8*(2), 025005. doi: 10.1088/1741-2560/8/2/025005.

129. Zhang, D., & Ma, Y. (2015). Estimulação magnética transcraniana repetitive melhora a função auditiva e a perceção do zumbido em pacientes com perda auditiva neurossensorial súbita. *Scientific Reports,* 5, 14796. doi: 10.1038/srep14796.

130. Zhao, X., Liu, Y., Wang, X., Liu, B., Xi, Q., Guo, Q., ... & Wang, P. (2012). Redes cerebrais de pequeno mundo interrompidas na doença de Alzheimer moderada: um estudo de ressonância magnética em estado de repouso . *PloSone* , 7(3), e33540. doi: 10.1371/journal.pone.0033540.

131. Ziemann, U. (2011). A estimulação magnética transcraniana na interface com outras técnicas, uma ferramenta poderosa para estudar o córtex humano. The Neuroscientist, 17(4), 368-381.

Tabela 1: Estudos recentes sobre técnicas de imagiologia cerebral não invasivas para várias perturbações cognitivas

Brain imaging Modality	Cognitive disorder/ functions and instrumentation	Objectives	Sample	Key Findings	References
EEG	Alzheimer's disease epilepsy.	IIS as a biomarker for epilepsy	Total number of subjects is 26 9 transgenic mice. 17 WT mice	IIS was found to be a useful biomarker for epilepsy.	Kam et al., 2016et. al., 2016.
	Cerebral Hypoxia	Interaction between NIRS and EEG	166 subjects were chosen. 133 EEGs were studied.	NIRS doesn't interfere with EEG data.	Anne et al., 2016t. al., 2016.
	Depression Schizophrenia, stroke.	Methods of measurement of direct effects of electrical brain stimulation on	Noise characteristics of two different tDCS devices.	Would allow more enhanced brain stimulation treatment strategies.	Surjo et. al., 2013.

		brain oscillations.			
MEG	Pre-attentive auditory sensory gating and attenuated neural activation to the second identical stimulus.	Comparing automatic cortical inhibition and inhibition control.	22 healthy male volunteers (age ranging from 20 to 34 years old)	Provided an empirical link between automatic cortical inhibition and behavioural performance of attentive inhibition control.	Cheng et. al., 2016.
	Object recognition.	Studying object recognition in the human brain.		Identified transient and persistent neural activities during object processing. Provides integrated space and time resolved view of human object categorization during the first few hundred milliseconds of vision. (MEG and fMRI taken together).	Cichy et. al., 2014.
	Speaking rapidly and voluntarily speaking backwards.	Studying an individual from a Serbian family with the	1 individual from a Serbian family.	This ability is afforded by an extraordinary working memory capacity (fMRI and EEG data taken together).	Prekovic et al., 2016et. al., 2016.

fMRI		ability to rapidly, accurately and voluntarily speak backwards.			
	Self esteem	Cognitive functions associated with self esteem	25 college students	Modulates the degree of both affective processes in the orbitofrontal cortex during self- reflection and the cognitive processes in the medial pre frontal cortex during the evaluation of social feedback.	Yang et. al., 2016.
NIRS	Schizophrenia	To investigate the influence of duration of untreated Psychosis(DUP) on brain functions.	A total of 28 FES patients 29 Healthy controls(HC)	Did not find an association DUP and fronto-temporal cortical activities. Maybe because neuro-developmental disturbances result in neurocognitive deficits long before psychotic symptoms onset.	Chou et. al., 2015.

	Regional cerebral oxygen saturation in the neonate	To compare the rScO2 obtained in (preterm) neonates with all available sensors	55 neonates	Despite the correlation between the rScO2 values in the various NIRS sensors, but there are sometimes large differences between the absolute rScO2 values which may cause complications in the clinical applications.	Dix et. al., 2013.
ECoG	Control of neuro-prosthesis	To test the feasibility of using ECoG signals as a control method for a neuro-prosthesis for grasping.	Two subjects participated	The neuro-prosthesis classified ECoG signals correctly delivering the correct stimulation strategy with 94.5% accuracy. The feasibility of using ECoG signals as a control strategy for a neuro-prosthesis for grasping was shown.	MárquezChin et. al., 2009.
	Speech	Cognitive processes involved in speech		during listening to connected speech, cortical activity of different timescales concurrently tracked the time course of abstract linguistic structures at different	Ding et. al., 2016.

				hierarchical levels, such as words, phrases and sentences a hierarchy of neural processing timescales underlies grammar based internal construction of hierarchical linguistic structure.	
PET	Stress	To test the hypothesis that repeated exposure to D-amphetamine increases dopaminergic responses to stress; that is, produces cross-sensitization.	17 healthy male volunteers	Provides evidence for drug × stress cross-sensitization; moreover, random exposure to stimulants and/or stress cumulatively, while enhancing dopamine release in striatal areas, may contribute to a lowered set point for psychopathologies in which altered dopamine neurotransmission is invoked.	Booij et.al. 2016.
	Alzheimer's disease	Applications of antibody based	3 transgenic models.	It was demonstrated that antibody-based PET ligands	Sehlin et. al., 2016

		PET ligands in brain imaging.		can be successfully used for brain imaging.	
SPECT	Sudden Sensoneural Hearing Loss (SSHL)	Treatment for SSHL (Sudden Sensoneural Hearing Loss) RTMS (Repetitive Transcranial Magnetic Stimulation).	54 patients. 34 patients in rTMS group. 20 patients in Control group.	rTMS appears to be effective practical and safe treatment strategy for SSHL.	Zhang and Ma, 2015.
	Suicidal nature	Prediction of suicidal nature in subjects.	21 cases of suicides.	SPECT might be useful in prediction of risk for suicide completion in subjects with depression or treatment resistant depression.	Willeumier et al., 2011.
	Reactivation of visual experience	Experiment1: Used a subjective rating task to examine the phenomenolog y of TMS-	22 healthy adults Experiment 1 involves 14 naïve participants	TMS entrained replay was not only experienced but also it hampered letter identification.	Liao et.al., 2013.

| TMS | | entrained replays

Experiment2: Development of a paradigm for quantitative validation of the phenomenon and involvement in low level mechanisms. | Experiment 2 involves 13 participants, 5 of whom participated in experiment 1 | | |
| | Traumatic brain injury | Whether high frequency non-invasive TMS delivered twice a week over a four-week period can rescue neuronal activity and | 20 male Sprague Dawley rats. | Implicates TMS as a promising approach for reversing the adverse neuronal mechanisms activated post TBI. | Hongyang Lu et. al., .2015. |

		improve long term functional and neuro-physical and behavioural outcome in the paediatric CCI model.				
DTI	Parkinson's disease (P.D.)	Deterministic tractography is practical and sensitive to changes in complex nigrostriatalnig ropallidalpathw ay (NSP) in Parkinson's disease.	Total of 40 DTI brain scans 21 PD patients and 19 healthy controls.	Clinical and radiological practical application of DTI tractography to the NSP in PD without requiring complex imaging sequences for anatomical localization or segmentation software.	Wen-Qi Tan et. al., 2015.
	Acute spinal cord injury following a thoracic spinal cord injury	To evaluate the characteristics of magnetic	In groups of 6, 24 rats were formed	Fractional anisotropy (FA) can differentiate various grades of SCI in the early stage and 24 hours after the	Xiao-Hui Li et. al., 2015.

		resonance diffusion tensor imaging (DTI) in acute spinal cord injury.	randomly into 4 groups.	injury might be the optimal time for identifying injury severity.	
CT	Relation between paediatric CT scans and leukaemia and brain tumour.	To determine whether there is any relation between CT scan with leukaemia and brain tumour.	74 leukaemia/myel odyplastic syndrome (MDS) cases and 135 Brain tumour cases were studied.	Analysis showed an increased cancer risk after low dose radiation exposure from CT scans in young patients.	Moore et. al., 2016.
	Leukaemia and brain tumour	To assess effects of Low-dose ionizing radiation on chromosomes.	10 Patients aged 62 to 81 years.	No correlation was observed between the increment of DIC formation and the effective Radiation dose. Chromosome cleavage may be induced by one CT scan. Recommended 2,000 or more metaphases be analysed in Giemsa staining or Centromere-FISH	Abe et. al., 2015.

				for DCAs in cases of low-dose radiation exposure.	
M/EEG	Neural oscillations	Synchronization of neural oscillations may regulate network communication and could thus serve as such a mechanism.	63	Synchronization is a robust and behaviourally significant phenomenon in task-relevant cortical networks and could hence bind distributed neuronal processing to coherent cognitive states.	Palva and Palva, 2012.
	Linear inverse problem of brain imaging	The inverse problem of estimating the distribution of dipole strengths over the cortical surface.		Model studies suggest that we may be able to localize multiple cortical sources with spatial resolution as good as PET with this technique, while retaining a much finer grained picture of activity over time.	Dale and Sereno, 2007.

Buy your books fast and straightforward online - at one of world's fastest growing online book stores! Environmentally sound due to Print-on-Demand technologies.

Buy your books online at
www.morebooks.shop

Compre os seus livros mais rápido e diretamente na internet, em uma das livrarias on-line com o maior crescimento no mundo! Produção que protege o meio ambiente através das tecnologias de impressão sob demanda.

Compre os seus livros on-line em
www.morebooks.shop

Printed by Books on Demand GmbH, Norderstedt / Germany